HISTOIRE DES PLANTES

MONOGRAPHIE

DES

NYMPHÆACÉES

PARIS. — IMPRIMERIE DE E. MARTINET RUE MIGNON, 2.

HISTOIRE DES PLANTES

MONOGRAPHIE

DES

NYMPHÆACÉES

PAR

H. BAILLON

PROFESSEUR D'HISTOIRE NATURELLE MÉDICALE A LA FACULTÉ DE MÉDECINE DE PARIS
DIRECTEUR DU JARDIN BOTANIQUE DE LA FACULTÉ, PRÉSIDENT DE LA SOCIÉTÉ LINNÉENNE DE PARIS

ILLUSTRÉE DE 34 FIGURES DANS LES TEXTES

DESSINS DE FAGUET

PARIS
LIBRAIRIE HACHETTE & Cie
BOULEVARD SAINT-GERMAIN, N° 79
LONDRES, 18, KING WILLIAM STREET, STRAND. — LEIPZIG, 3, KÖNIGSSTRASSE

1871

XV

NYMPHÆACÉES

I. SÉRIE DES NELUMBO.

Les *Nelumbo* [1] (fig. 74-81) ont les fleurs régulières et hermaphrodites. La portion inférieure de leur réceptacle a la forme d'un cône

Nelumbo nucifera.

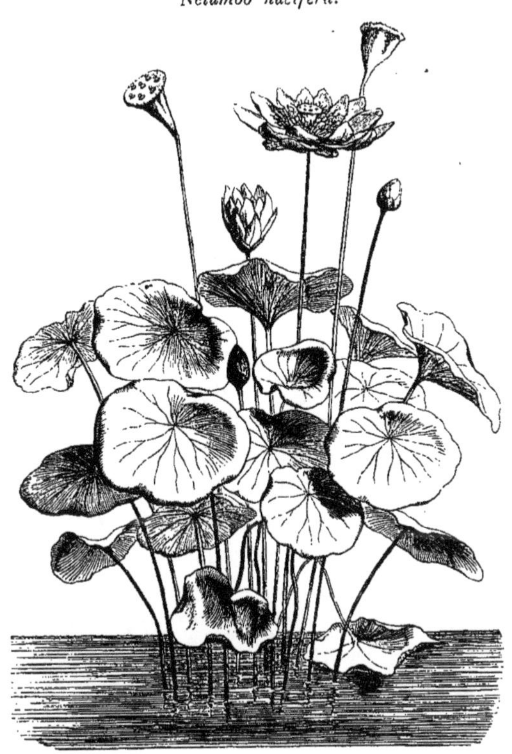

Fig. 74. Port ($\frac{1}{10}$).

surbaissé qui porte le périanthe et l'androcée. Le premier, semblable

1. T., *Inst.*, 261. — ADANS., *Fam. des pl.*, II, 76. — GÆRTN., *Fruct.*, I, 73, t. 19. — MIRB., in *Ann. Mus.*, XIII, 465, t. 34 ; XVI, 448, t. 19. — H. BN, in *Adansonia*, X, 1, t. 3. — *Nelumbium* J., *Gen.*, 68. — LAMK, *Dict.*, IV, 453 ; Suppl., IV, 78 ; *Ill.*, t. 463. —

à celui de nos Nénuphars, se compose de quatre[1] sépales inégaux, imbriqués-décussés, et d'un nombre indéfini de pétales imbriqués, dissemblables, disposés suivant une spirale à tours très-rapprochés[2]. Les étamines, insérées selon la même spire, sont aussi en nombre indéfini, formées chacune d'un filet libre et d'une anthère basifixe, introrse, à deux loges linéaires, déhiscentes chacune par une fente

Nelumbo nucifera.

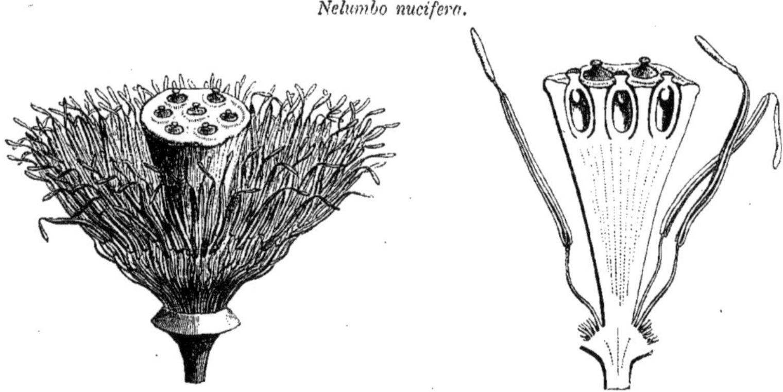

Fig. 75. Fleur, sans le périanthe. Fig. 76. Gynécée, coupe longitudinale.

longitudinale, surmontées d'un long prolongement presque claviforme du connectif[3]. Au-dessus de l'androcée, le réceptacle floral se dilate en un grand cône renversé (fig. 75, 76), dont la base, tournée en haut, est creusée d'un nombre variable d'alvéoles à ouverture circulaire. On en compte de cinq à trente, et chacun d'eux renferme un petit carpelle non adhérent, formé d'un ovaire uniloculaire, surmonté d'un style court, à sommet capité, stigmatifère, exsert[4]. L'ovaire présente dans sa portion supérieure une gibbosité dorsale[5], et il possède un placenta

TURP., in *Ann. Mus.*, VII, 210, t. 11. — POIT., in *Ann. Mus.*, XIII, 359, t. 29. — CORREA, in *Ann. Mus.*, XIV, 74, t. 8. — RICH., in *Ann. Mus.*, XVII, 249, t. 9. — DC., *Syst.*, II, 43; *Prodr.*, I, 113. — SPACH, *Suit. à Buffon*, VII, 180. — ENDL., *Gen.*, n. 5026. — B. H., *Gen.*, 47, 965, n. 8. — DCNE et LEM., *Traité gén. de Bot.*, 402. — *Cyamus* SM., *Exot. Bot.*, I, 59, t. 31, 32.

1. Plus rarement cinq.

2. Nous supposons que, comme ceux des *Nymphæa*, ils représentent des étamines transformées.

3. Le pollen est formé de grains ovales, avec trois sillons longitudinaux (H. MOHL, in *Ann. sc. nat.*, sér. 2, III, 33). Lorsque les loges des anthères se sont ouvertes, les lèvres des deux fentes s'involutent, deux en dedans et deux en dehors. Les massues qui surmontent le connectif sont souvent repliées en dedans. Souvent encore il y a torsion, et de ces prolongements, et des filets eux-mêmes.

4. L'étude des développements nous a montré que les carpelles sont primitivement libres, comme dans une Renoncule, et insérés sur un réceptacle surbaissé et large; mais, plus tard, le réceptacle s'accroît et s'élève dans l'intervalle des carpelles, autour desquels il forme en grandissant ces espèces de puits dont le sommet du style occupe l'orifice supérieur.

5. Dont le sommet porte une petite surface glanduleuse.

qui, tout près de son sommet, donne insertion ordinairement à un[1] ovule, descendant, anatrope[2], avec le micropyle dirigé en haut et en dedans[3]. Le fruit est multiple, formé d'un nombre variable de carpelles logés dans les cavités du réceptacle devenu ligneux. Chacun d'eux a un péricarpe sec, indéhiscent ou incomplétement déhiscent, monosperme. La graine, suspendue, renferme sous ses téguments spongieux un gros embryon, sans albumen. Ses deux cotylédons forment par leur rapprochement une masse charnue, au centre de laquelle se trouve une gemmule très-développée, à feuilles alternes, vertes, infléchies sur elles-mêmes dans leur portion supérieure[4] (fig. 78). Les *Nelumbo* sont des herbes aquatiques,

Nelumbo nucifera.

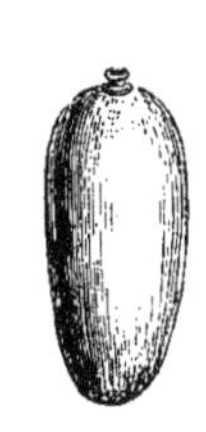

Fig. 77. Achaine.

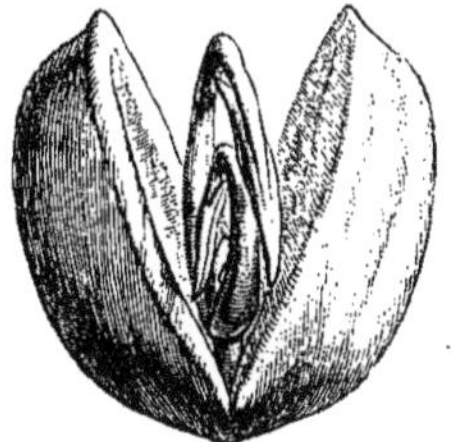

Fig. 78. Embryon ($\frac{2}{1}$).

Nelumbo lutea.

Fig. 80. Achaine ($\frac{2}{1}$).

Fig. 79. Fruit multiple ($\frac{2}{3}$).

Fig. 81. Achaine, coupe longitudinale.

vivaces. Leur tige est un rhizome épais qui rampe dans la vase et qui porte des feuilles alternes, polymorphes : les unes, courtes et squamiformes, cachées sous l'eau contre la souche; les autres, émergées, longuement pétiolées, peltées[5]. Les fleurs sont portées chacune par

1. On en observe, dit-on, quelquefois deux.
2. Ils ont deux enveloppes.
3. M. CLARKE a donné (in *Journ. Bot.* (1865), 127 ; *A new Arrang.*, 27) une interprétation toute particulière de l'organisation florale des *Nelumbo*, dont il considère les carpelles comme des fleurs femelles qui tourneraient vers le centre du réceptacle le côté dorsal de leur ovaire.
4. On distingue dans chaque feuille les portions pétiolaire, limbaire, et même souvent leur bourgeon axillaire. L'embryon représente donc une plante complète en miniature.
5. M. TRÉCUL a fait des recherches spéciales (in *Bull. Soc. bot. de Fr.*, I, 18, 60 ; in *Ann. sc. nat.*, sér. 4, I, 291) sur la disposition anormale des feuilles et des stipules du *N. codophyllum* (qui est le *Nelumbo lutea*,—*Nelumbium luteum* W.). Il pense que c'est à tort qu'on a considéré comme une stipule la membrane hyaline qui, dans la graine, enveloppe la gemmule (fig. 81). Quant aux feuilles, il admet qu'elles ont trois stipules, l'une axillaire, et les deux autres, nommées par lui extrafoliaires. D'ailleurs, toutes les feuilles sont unilatérales. Il démontre que les deux stipules extrafoliaires sont les stipules axillaires de deux feuilles avortées.

un long pédoncule [1]. On connaît deux espèces seulement de ce genre : l'une américaine, à fleurs jaunes, le *N. lutea* [2] ; l'autre qui habite les eaux douces des régions tropicales et sous-tropicales de tout l'ancien monde, c'est le *N. nucifera* [3], dont les pétales sont blancs ou roses.

II. SÉRIE DES CABOMBA.

Les *Cabomba* [4] (fig. 82-86) ont les fleurs hermaphrodites et régulières. Leur réceptacle, convexe et très-petit, supporte de bas en haut un calice,

Cabomba aquatica.

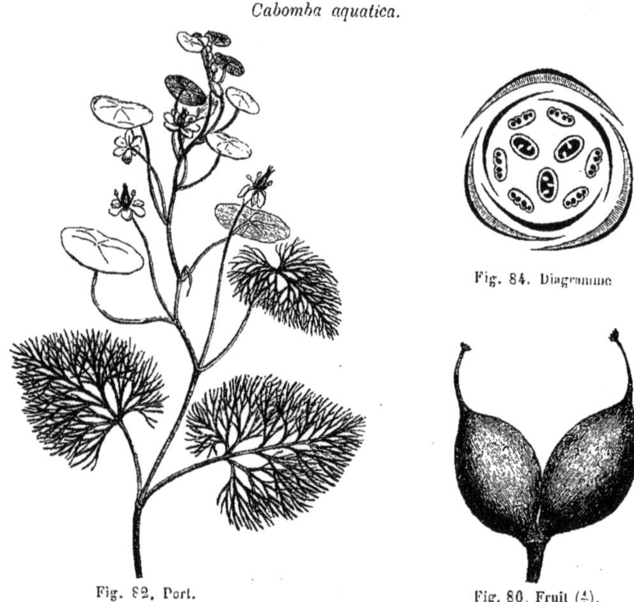

Fig. 84. Diagramme

Fig. 82. Port.

Fig. 80. Fruit $(\frac{4}{1})$.

une corolle, un verticille d'étamines, et un autre de carpelles. Le calice

1. La position de ce pédoncule est singulière. Je l'ai toujours vu placé entre le dos d'une feuille (à l'aisselle de laquelle il y a, de l'autre côté, un bourgeon) et la face supérieure d'un autre appendice, en forme de bractée ou d'écaille stipuliforme, auquel la feuille se trouve superposée.

2. *Nelumbium luteum* W., *Spec.* II, 1259. — DC., *Prodr.*, I, 114, n. 2. — TORR., *Gen. pl. Fl. Amer. bor.*, I, 97, t. 40, 41.—WALP., *Rep.*, I, 105 ; *Ann.*, II, 24. —? *N. pentaphyllum* W., *loc. cit.* — *N. codophyllum* RAFIN., *Fl. ludov.*, 22, n. 64. — *N. jamaicense* DC., *Syst.*, II, 47 ; *Prodr.*, n. 5.

3. GÆRTN., *loc. cit.* — CASP., in *Ann. Mus. lugd.-bat.*, II, 242. — *Nelumbium speciosum* W., *Spec.*, II, 1258. — ROXB., *Fl. ind.*, 647. — DC., *Prodr.*, n. 1. — HOOK. F. et THOMS., *Fl. ind.*, I, 248.— WALP., *Rep.*, I, 105 ; *Ann.*, II, 24, n. 2 ; IV, 151, n. 1. — *N. asiaticum* RICH., in *Ann. Mus.*, XVII, 249, t. 9. — *N. indica* POIR., *Dict.*, IV, 453.— *N. caspicum*. — *Cyamus Nelumbo* SM., *Exot. Bot.*, I, 59, t. 31, 32. — *C. mysticus* SALISB., *Ann. Bot.*, II, 75.

4. AUBL., *Guian.*, I, 321, t. 124. — J., *Gen.*, 46. — L. C. RICH., in *Ann. Mus.*, XVII,

est formé de trois sépales pétaloïdes, imbriqués ou tordus dans le bouton ; et la corolle, de trois pétales alternes, ordinairement plus petits, également tordus ou imbriqués dans la préfloraison. Les étamines sont au nombre de trois, superposées aux sépales; ou, par suite d'un dédoublement, chacune d'elles est fréquemment remplacée par une paire d'étamines superposée à un sépale [1]. Chaque étamine est formée d'un

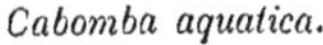
Cabomba aquatica.

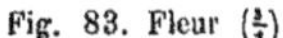
Fig. 83. Fleur ($\frac{1}{1}$).

Fig. 85. Fleur, coupe longitudinale.

filet libre, hypogyne, et d'une anthère extrorse, biloculaire, déhiscente par deux fentes longitudinales. Le gynécée est normalement composé de trois [2] carpelles, superposés aux pétales, libres, formés chacun d'un ovaire uniloculaire, atténué supérieurement en un style qui se termine par une petite tête stigmatifère. Autour du gynécée se voit un petit disque papilleux; et chaque ovaire renferme de deux à quatre ovules, insérés sur ses parois, descendants, anatropes, avec le micropyle tourné en haut et en dehors [3]. Le fruit (fig. 86) est formé d'un petit nombre de carpelles drupacés. En dedans de leur mésocarpe peu épais, se trouvent un ou deux noyaux monospermes [4]. La graine est suspendue, anatrope, et elle renferme sous ses téguments un gros albumen farineux. Au sommet de celui-ci se trouve un autre albumen peu volumineux charnu, et enveloppant un petit embryon à courte radicule supère et

230, t. 5, fig. 23; *Anal. du fruit,* 46, 61, 62, 64. — TURP., in *Dict. sc. nat.*, II, t. 80. — DC., *Syst.*, II, 36; *Prodr.*, I, 112. — SPACH, *Suit. à Buffon*, VII, 161.—ENDL., *Gen.*, n. 5024. — B. H., *Gen.*, 46, n. 1. — *Nectris* SCHREB., *Gen.*, n. 610. — NUTT., *Gen. amer.*, I, 230.

1. Il y a donc souvent six étamines, comme dans la figure 84, ou trois, comme dans la figure 83, ou seulement quatre ou cinq, toutes les étamines ne se dédoublant pas constamment.

2. Certaines fleurs n'en ont que deux; quelques-unes en ont quatre.

3. Ils ont été décrits par la plupart des auteurs comme orthotropes, et ils le sont quelquefois, comme l'indique la figure 85. Mais nous avons démontré (in *Adansonia*, IX, 374) que cette direction n'est que le résultat d'un arrêt de développement et doit être considérée comme exceptionnelle. Dans l'état normal, l'ovule dirige définitivement son micropyle vers la partie supérieure. M. SCHLEIDEN ne s'y est pas trompé.

4. Ces portions durcies de l'endocarpe ont souvent été décrites et représentées comme constituant un tégument séminal.

à deux gros cotylédons inférieurs. Les *Cabomba* sont des herbes aquatiques, dont la souche porte des rameaux herbacés, enduits, comme toutes les parties de la plante, d'un suc mucilagineux, et chargés de feuilles alternes. Les inférieures sont submergées; et leur limbe digitinerve, réduit aux nervures ramifiées, est partagé en un grand nombre de lanières capillaires; les supérieures sont nageantes à la surface, et leur limbe est pelté (fig. 82). Les fleurs, blanches ou jaunâtres, viennent s'épanouir dans l'air; elles sont axillaires, solitaires et longuement pédonculées. On connaît deux ou trois espèces de ce genre, toutes originaires des régions chaudes de l'Amérique [1].

Les *Brasenia* [2] sont très-voisins des *Cabomba*, dont ils ont l'organisation générale; ils en diffèrent par trois caractères : toutes leurs feuilles sont nageantes et peltées; leurs étamines, en nombre indéfini, sont pourvues d'anthères à loges latérales; et leurs carpelles sont au nombre de six ou plus. Le seul *Brasenia* connu [3] a été observé dans les eaux douces de presque toutes les régions tropicales, en Amérique, en Asie et en Océanie.

III. SÉRIE DES NÉNUPHARS.

On connaît surtout en Europe deux espèces de Nénuphars, le blanc et le jaune. Ce dernier est devenu, sous le nom de *Nuphar* [4], le type d'un genre distinct par lequel on peut commencer l'étude de cette série. Le *N. luteum* [5] (fig. 87-92) a les fleurs régulières et hermaphrodites. Leur réceptacle est convexe et porte successivement, de bas en haut, un périanthe double, l'androcée et le gynécée. Le calice est ordinairement [6] formé de cinq sépales, un peu dissemblables [7], disposés dans le bouton

1. TORR. et GR., *Fl. N.-Amer.*, I, 54. — WALP., *Rep.*, I, 105.

2. SCHREB., *Gen.*, 372. — ENDL., *Gen.*, n. 5025. — A. GRAY, *Gen. ill.*, t. 39. — B. H., *Gen.*, 46, n. 2. — *Ixodia* SOLAND., mss (ex ENDL.). — *Hydropeltis* L. C. RICH., in *Ann. Mus.*, XVII, 230, t. 5, fig. 22. — MICHX, *Fl. bor.-amer.*, I, 323, t. 29. — DC., *Syst.*, II, 38; *Prodr.*, I, 112.

3. *B. nymphoides*. — *B. peltata* PURSH, *Fl. Amer. bor.*, II, 389. — WALP., *Rep.*, I, 105; *Ann.*, IV, 150. — *Menyanthes nymphoides* THUNB., *Fl. jap.*, 82. — *Limnanthemum peltatum* GRISEB., in DC. *Prodr.*, IX, 141 (ex PL., in *Ann. sc. nat.*, sér. 4, II, 257). — *Hydropeltis purpurea* L. C. RICH., *loc. cit.*

4. SM., *Prodr. Fl. græc.*, I, 361. — DC., *Syst.*, II, 59; *Prodr.*, I, 116. — SPACH, *Suit. à Buffon*, VII, 174. — ENDL., *Gen.*, n. 5021. — A. GRAY, *Gen. ill.*, t. 44. — B. H., *Gen.*, 46, 965, n. 3. — *Nymphosanthus* RICH., *Anal. du fruit*, 68 (nec LOUR.). — *Nenuphar* HAYN., mss. (ex ENDL.).

5. SM., *loc. cit.* — DUB., *Bot. gall.*, 20. — TRÉCUL, in *Ann. sc. nat.*, sér. 3, IV, 286, t. 10-13. — GREN. et GODR., *Fl. de Fr.*, I, 56. — *Nymphæa lutea* L., *Spec.*, 729; *Fl. dan.*, t. 603.

6. Parfois on y compte quatre ou six sépales.

7. Ils sont d'autant plus larges, plus pétaloïdes, plus minces et plus colorés en jaune, qu'ils sont plus enveloppés dans le bouton. Les portions enveloppantes demeurent vertes et épaisses.

en préfloraison quinconciale. Les pétales sont en grand nombre, insérés suivant une ligne spirale, imbriqués dans le bouton, et petits, un peu charnus[1]. Il y a également un nombre indéfini d'étamines, hypogynes, dissemblables entre elles[2], formées chacune d'un filet libre et d'une

Nuphar luteum.

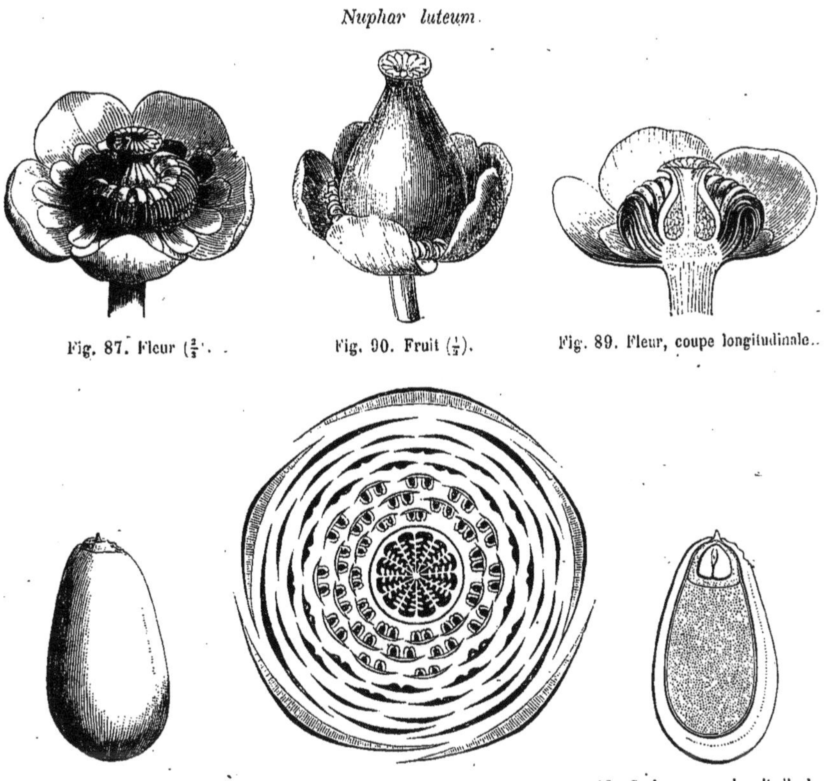

Fig. 87. Fleur ($\frac{2}{3}$). Fig. 90. Fruit ($\frac{1}{2}$). Fig. 89. Fleur, coupe longitudinale.

Fig. 91. Graine ($\frac{6}{1}$). Fig. 88. Diagramme. Fig. 92. Graine, coupe longitudinale.

anthère biloculaire, introrse, déhiscente par deux fentes longitudinales[3]. Le gynécée est supère, formé d'un ovaire à un grand nombre de loges, surmonté d'un style dont le sommet dilaté est recouvert d'autant de rayons stigmatifères qu'il y a de loges dans l'ovaire. Celles-ci contiennent chacune un nombre indéfini d'ovules anatropes, descendants, insérés

1. PAYER (*Traité d'organog. compar.*, 269, t. 59) a étudié le développement et la disposition de ces folioles ; il admet que la plupart d'entre elles au moins représentent des étamines transformées, et que la fleur est double, comme celle des *Nymphæa*. On voit, en effet, sur les pétales les plus intérieurs, plus courts et plus charnus que les autres, deux saillies intérieures (fig. 88) qui semblent bien représenter les loges de l'anthère.

2. Plus elles sont intérieures, plus leurs filets sont étroits, et plus les loges de leur anthère sont rapprochées l'une de l'autre.

3. Le pollen est d'abord elliptique (TRÉC., *loc. cit.*, 324) ; puis ses grains s'arrondissent et se hérissent de pointes coniques.

sur les parois de séparation des loges, et anatropes, avec le raphé tourné vers le plan médian de la loge, tandis que le micropyle est en haut, contre la cloison et sous le point d'attache [1]. Le fruit est une baie polysperme, qui finit cependant par s'ouvrir, chaque carpelle se séparant, et de l'épicarpe, et des carpelles voisins, par dédoublement de la cloison interposée [2]. Les graines, plongées dans un mucus gommeux qui remplit les loges du fruit, renferment sous leurs téguments un gros albumen farineux, au sommet duquel se trouve un autre albumen beaucoup plus petit, charnu, enveloppant l'embryon (fig. 92). Ce dernier, court et trapu, se compose d'une tigelle, d'une radicule supère, extrêmement courtes, et de deux gros cotylédons dont la concavité loge la gemmule, dans laquelle on distingue d'ordinaire deux feuilles. La région de la graine qui loge l'embryon est protégée par un petit couvercle, en forme de soupape (fig. 91), qui peut, à un moment donné, se séparer circulairement du reste des téguments. Les *Nuphar* sont des plantes herbacées vivaces, qui habitent les eaux douces. Leur tige est un épais rhizome qui rampe dans la vase, et qui porte des cicatrices de racines adventives et de feuilles. Ces dernières sont alternes, longuement pétiolées, sans stipules, à limbe flottant, peïté et cordé à la base [3]. Les fleurs sont solitaires ou géminées [4] et supportées par un long pédoncule ; elles viennent s'épanouir dans l'air, où elles mûrissent leur fruit, et sont de couleur jaune. On en connaît trois ou quatre espèces [5] qui, dans les deux mondes, habitent les régions extratropicales de l'hémisphère boréal.

Le Nénuphar blanc [6] est demeuré le type du genre *Nymphæa* [7] (fig. 93-98). Ici le réceptacle a pris la forme d'une coupe assez profonde, dans laquelle l'ovaire est en grande partie plongé, tandis que le

1. Ils ont deux enveloppes.

2. « Carpella ∞, toro crasso annulatim immersa et cum eo in ovarium ∞-loculare concreta. » (B. H., *Gen.*, loc. cit.) M. TRÉCUL (*loc. cit.*, 326) a complétement étudié le mode de déhiscence septicide du fruit. Je ne pense pas qu'aucune portion du réceptacle entre dans la composition des parois du gynécée.

3. Pour l'étude détaillée de toutes ces parties et le développement des organes de végétation, voy. surtout le mémoire de M. TRÉCUL (*loc. cit.*, 287, 293, 305).

4. « Je n'ai pu reconnaître l'inflorescence ; les fleurs sont groupées par deux, dont l'une est plus grosse que l'autre ; mais naissent-elles à l'aisselle de feuilles comme dans le *Nymphæa alba*, je ne saurais le dire » (PAYER, *loc. cit.*, 269.)

5. DELESS., *Ic. sel.*, II, t. 6. — PURSH, *Fl. bor.-amer.*, II, 370. — AIT., *Hort. kew.*, ed. 2, III, 295. — PL., in *Ann. sc. nat.*, sér. 3, XIX, 57. — CASP., in *Ann. Mus. lugd.-bat.*, III, 254, t. 8. — WALP., *Ann.*, IV, 168; VII, 76.

6. *Nymphæa alba* L., *Spec.*, 729. — DC., *Prodr.*, n. 14. — GREN. et GODR., *Fl. de Fr.*, I, 156.

7. T., *Inst.*, 260, t. 137, 138 (part.). — L., *Gen.*, n. 653 (part.). — NECK., *Elem.*, n. 1828. — RICH., *Anal. du fruit*, 69. — DC., *Syst.*, II, 49; *Prodr.*, I, 114. — SPACH, *Suit. à Buffon*, VII, 167. — ENDL., *Gen*, n. 5020. — PAYER, *Organog.*, 269, t. 59. — PL., in *Ann. sc. nat.*, sér. 3, XIX, 30. — A. GRAY, *Gen. ill.*, t. 42, 43. — B. H., *Gen.*, 46, 965, n. 4. — *Leuconymphæa* BOERH., *Lugd.-bat.*, 364. — *Castalia* SALISB., in *Kœn. Ann.*, II, 71 ; *Par. lond.*, n. 14, 68.

périanthe et l'androcée s'insèrent de bas en haut sur sa face extérieure. Le calice est tout à fait inférieur, formé de quatre sépales imbriqués. Les pétales sont en nombre indéfini, imbriqués, inégaux, d'autant plus semblables aux étamines, qu'ils sont insérés plus haut [1]. Les pièces de

Nymphæa alba.

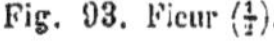

Fig. 93. Fleur (½).

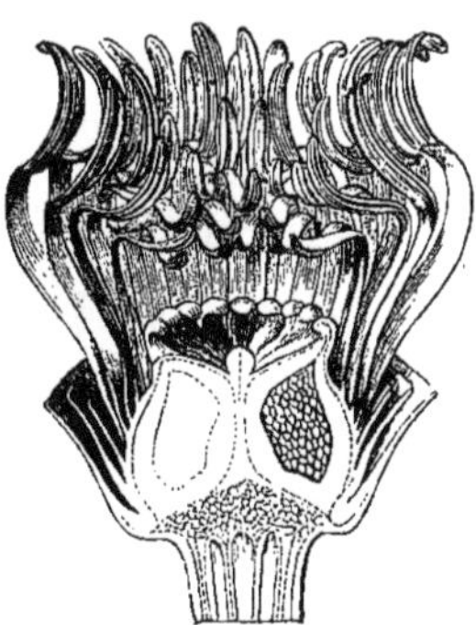

Fig. 94. Fleur, sans le périanthe, coupe longitudinale.

l'androcée, également en nombre indéfini, sont libres, avec un filet d'autant plus large et plus pétaloïde, qu'elles sont plus voisines de la corolle, et une anthère basifixe, biloculaire, introrse, déhiscente par deux fentes longitudinales [2]. Le gynécée est formé d'un grand nombre [3] de carpelles, émergeant dans leur portion supérieure de la poche réceptaculaire, et formant là, autour d'un prolongement central, conique ou globuleux, du réceptacle, un style à branches rayonnantes, rapprochées en entonnoir, puis terminées par un sommet charnu, incurvé. Dans chacune des loges ovariennes se trouvent des ovules en nombre indéfini, disposés comme ceux des *Nuphar*. Le fruit est une baie spongieuse, toute chargée en dehors des cicatrices du périanthe et de l'androcée (fig. 95). Elle finit par s'ouvrir irrégulièrement [4], pour mettre en liberté un grand nombre de graines, plongées dans une substance gommeuse

1. « La corolle du *Nymphæa alba* se compose des pétales de la corolle proprement dite, qui sont au nombre de quatre, alternes avec les sépales, et d'un grand nombre de pétales qui ne sont que des étamines métamorphosées...... La fleur du *N. alba* est donc une fleur *double* dans toute la force du mot ; seulement, c'est une *fleur double normale*, puisque ce n'est pas la culture qui l'a ainsi constituée. » (PAYER, *loc. cit.*, 270.)

2. Le pollen est ovoïde, avec un sillon longitudinal et de petites épines, dans le *N. alba* ; hémisphérique, avec un sillon circulaire, dans le *N. Lotus* (H. MOHL, in *Ann. sc. nat.*, sér. 2, III, 311).

3. Souvent de douze à vingt.

4. Elle est surmontée d'une couronne formée par les divisions stylaires indurées et incurvées.

exsudée dans les loges. Chaque graine est entourée d'un arille membraneux, en forme de sac, né du pourtour de l'insertion du funicule [1] et ouvert par la portion inférieure. Elle renferme sous ses téguments un double albumen et un petit embryon, semblables aux mêmes organes

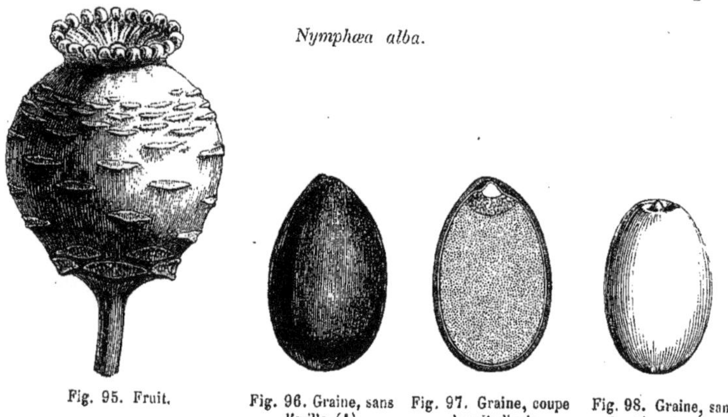

Nymphæa alba.

Fig. 95. Fruit. Fig. 96. Graine, sans l'arille ($\frac{4}{1}$). Fig. 97. Graine, coupe longitudinale. Fig. 98. Graine, sans les téguments.

dans les *Nuphar*. On connaît une vingtaine d'espèces [2] de *Nymphæa*, qui habitent toutes les régions tropicales et l'hémisphère boréal des différentes parties du monde. Leurs organes de végétation et leur inflorescence sont les mêmes que dans les *Nuphar*. Leurs fleurs sont grandes et belles, blanches, roses, rouges ou bleues. Leurs fruits mûrissent sous l'eau.

Dans les *Barclaya* [3], le réceptacle floral a la forme d'un tube à peu près cylindrique, dont la portion inférieure loge le gynécée, tandis que sa portion supérieure donne insertion aux étamines par sa surface interne, et à un périanthe d'un nombre indéfini de folioles par son bord supérieur. Ce périanthe supère est considéré, par la plupart des auteurs, comme une corolle polypétale, imbriquée. Pour eux, le calice serait représenté par cinq folioles insérées tout à fait à la base du tube réceptaculaire [4]. Les étamines sont nombreuses, disposées dans l'ordre spiral;

1. MIRB., *Nouv. Rech. d'organ. vég.*, t. 6, fig. 15, 16. — PL., *Dév. et car. des ar.*, 17. Il y a donc ici dans le fruit, pour former une pulpe intérieure, autre chose que le mucilage gommeux qui se retrouve dans le *Nuphar* et dont a parlé M. CARUEL (in *Ann. sc. nat.*, sér. 4, XII, 77).

2. Divisées en 4 sections : 1. *Lotos*; 2. *Cyanea*; 3. *Hydrocallis*; 4. *Castalia* (PL., *loc. cit.*, 32). — DELESS., *Icon. sel.*, II, t. 5. — CASP., in *Annal. Mus. lugd.-batav.*, II, 243, t. 7. — WALP., *Ann.*, IV, 153; VII, 76.

3. WALL., in *Trans. Linn. Soc.*, XV, 442, t. 18. — ENDL., *Gen.*, n. 5022. — HOOK., *Icon.*, t. 809, 810; in *Ann. sc. nat.*, sér. 3, XVII, 301, t. 21. — HOOK. F., in *Trans. Linn. Soc.*, XXIII, t. 21. — B. H., *Gen.*, 47, n. 5. — WALP., *Ann.*, IV, 167.

4. W. HOOKER l'a autrefois considéré comme un involucre; interprétation qui a été contestée par d'autres auteurs (PL., in *Ann. sc. nat.*, sér. 3, XIX, 57).

les supérieures stériles, les autres formées d'un filet recourbé et d'une anthère descendante. Les carpelles sont en grand nombre, multiovulés [1]; leurs styles sont unis en un cône court, fendu en autant de lobes qu'il y a de carpelles, concave et stigmatifère en dedans. Le fruit est une baie surmontée du tube réceptaculaire; il renferme des graines chargées d'aiguillons. La seule espèce connue, le *B. longifolia* WALL., vit dans les eaux douces de la Malaisie. De son court rhizome sortent de longues feuilles pétiolées, non peltées, et des hampes uniflores, axillaires (?).

Dans les *Euryale* [2] (fig. 99-101), le réceptacle floral a la forme d'une coupe profonde, sauf au centre, où son sommet organique se relève en un petit cône dressé. Sur les bords de la coupe s'insèrent le périanthe et

Euryale ferox.

Fig. 99. Graine, sans l'arille ($\frac{3}{1}$).

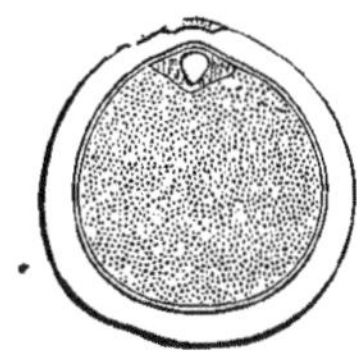

Fig. 100. Graine, coupe longitudinale.

l'androcée, semblables à ceux des *Nymphæa*, portés périgyniquement sur le réceptacle. Les carpelles, en nombre indéfini, sont appliqués plus bas en cercle, suivant toute la surface intérieure du réceptacle; leurs bords internes et supérieurs forment des rayons saillants, obliques de bas en haut et de dedans en dehors, limitant une cavité infundibuliforme au fond de laquelle proémine le sommet du réceptacle. Tout en haut de chaque rayon se trouve une saillie obtuse que l'on a décrite comme un stigmate. L'ovaire est pluriloculaire; et sur les cloisons s'insèrent des ovules en nombre indéfini, descendants, anatropes, avec le micropyle dirigé en haut et du côté de la cloison [3]. Le fruit est une baie spongieuse, chargée en dehors d'aiguillons descendants; elle se rompt irrégulièrement à sa maturité et laisse sortir des graines qui sont enveloppées d'un arille en forme de sac plus ou moins pulpeux. Leur double albumen,

1. GRIFFITH (*Notul.*, I, 218, t. 57, f) a représenté les ovules comme orthotropes.

2. SALISB., in *Kœn. Ann. Bot.*, II, 13. — DC., *Syst.*, II, 48; *Prodr.*, I, 114. — SPACH, *Suit. à Buffon*, VII, 166. — ENDL., *Gen.*, n. 5018. — PL., in *Ann. sc. nat.*, sér. 3, XIX, 28. — B. H., *Gen.*, 47, 965, n. 6. — *Anneslea* ANDR., *Bot. Rep.*, t. 618. — ROXB., *Pl. coromand.*, III, t. 244; *Fl. ind.*, II, 573 (nec SALISB., nec WALL.).

3. Ils ont deux enveloppes, et sur le sommet de leur funicule se dessine déjà un petit bourrelet, premier rudiment de l'arille, comme dans les *Nymphæa*.

leur embryon et leur opercule sont les mêmes que dans les *Nuphar*. L'*E. ferox* [1] est une plante indienne et chinoise.

Sous le nom de *Victoria* [2] (fig. 101), on a distingué génériquement une autre espèce [3], originaire de l'Amérique équinoxiale, et qui, avec des fleurs plus grandes que celles de l'espèce asiatique, a les divisions

Euryale (Victoria) amazonica.

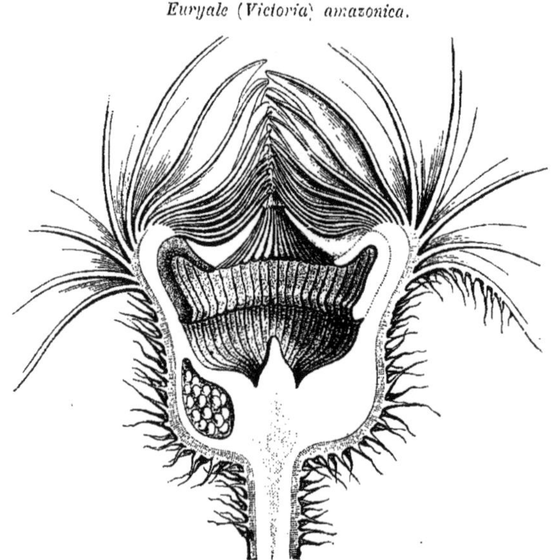

Fig. 101. Fleur, coupe longitudinale ($\frac{1}{2}$).

du gynécée, qu'on décrit comme des stigmates, surmontées de prolongements extérieurs aigus, arqués, falciformes, parfois considérés comme des étamines intérieures stériles [4]. A part ces corps singuliers et quelques différences, peu importantes, de forme dans les étamines [5], les *Victoria*

1. SALISB., *loc. cit.* — CASP., in *Ann. Mus. lugd.-bat.*, II, 253. — WALP., *Ann.*, IV, 153; VII, 78. — *E. indica* PL., *loc.cit.*, 29, n. 2. — *Bot. Mag.*, t. 1447. — *Anneslea spinosa* ANDR. — *Lien-kien*, *Ki-teou* des Chinois.

2. LINDL., *Monogr.*, Lond. (1837), ic.; in *Bot. Reg.*, *Misc.* (1838), 9. — ENDL., *Gen.*, n. 5019. — HOOK., in *Bot. Mag.*, t. 4275-4278; *Vict. reg.*, in-fol. (1851). — PL., in *Ann. sc. nat.*, sér. 3. XIX, 2. — B. H., *Gen.*, 47, n. 7. — CASP., in *Flora*, XI, 111.

3. *E. amazonica* POEPP., in *Fror. Notiz.*, XXXV, 9; II; *Reise*, II (1835), 432. — *Victoria amazonica* SOW., in *Ann. Nat. Hist.* (1850, part.). — PL., in *Rev. hort.* (15 févr. 1853). — *V. regia* LINDL., *loc. cit.* — SCHOMB., *Views int. Guyan.*, 2. — HENFR., in *Gard. Mag. of. Bot.* (1850), 225, ic. — *V. regina* GRAY, in *Mag. Zool. et Bot.* (1837); in *Ann. Nat. Hist.* (1850), 146. — *V. reginæ* HOOK., in *Hook. Journ.* (1850), 662. — *V. Cruziana* D'ORB., in *Ann. sc. nat.*, sér. 2, XIII, 57. — *Nymphæa Victoria* SCHOMB., mss. (ex HOOK.).

4. Ce dont on peut douter, ces prolongements aigus ne formant qu'un même organe continu avec le corps, plus intérieur et plus obtus, qu'on nomme le stigmate.

5. Elles ont, dans les *Euryale* proprement dits, un filet plus grêle et une anthère plus courte, à sommet bien plus obtus.

sont tellement construits comme l'*Euryale ferox*, que nous n'en pouvons faire qu'une section dans ce genre. Les deux espèces connues sont des plantes aquatiques qui végètent comme les Nénuphars. Elles ont de grandes feuilles pétiolées dont le limbe vient nager à la surface de l'eau, orbiculaire, pelté, corrugué-bullé en dessus, chargé inférieurement d'un réseau de nervures très-saillantes. Les différentes parties de la plante, notamment les pétioles, les nervures, les pédoncules, le réceptacle et la base du calice, sont chargées d'aiguillons rigides d'une structure variable [1]. Les fleurs sont solitaires, longuement pédonculées; elles viennent s'épanouir au-dessus de l'eau, et sont d'un blanc plus ou moins rosé dans l'espèce américaine, d'un pourpre violacé dans la plante asiatique.

IV? SÉRIE DES SARRACENA.

Les *Sarracena* [2] (fig. 102-107) ont les fleurs régulières et hermaphrodites. Sur leur réceptacle convexe s'insère d'abord un calice de cinq sépales, disposés dans le bouton en préfloraison imbriquée [3], puis une corolle de cinq pétales alternes, de forme particulière [4], également imbriqués dans la préfloraison. Les étamines sont en nombre indéfini, hypogynes, formées chacune d'un filet libre et d'une anthère biloculaire, introrse, déhiscente par deux fentes longitudinales [5]. Le gynécée est supère; il se compose d'un ovaire surmonté d'un style grêle et cylindrique, bientôt dilaté en une sorte de parachute pétaloïde, à cinq angles superposés aux sépales. Au sommet de chacun de ces angles répond une échancrure dont le sinus présente au fond un petit tubercule saillant

1. Les uns renferment des trachées, et les autres en sont dépourvus (TRÉC., in *Ann. sc. nat.*, sér. 4, I, 156).

2. T., *Inst.*, 567, t. 476. — ADANS., *Fam. des pl.*, II, 450. — *Sarracenia* L., *Gen.*, n. 652. — J., *Gen.*, 435. — LAMK, *Dict.*, VI, 544; Suppl., V, 39; *Ill.*, t 452. — SPACH, *Suit. à Buffon*, XIII, 329. — ENDL., *Gen.*, n. 5023. — A. GRAY, *Gen. ill.*, t. 45, 46. — H. BN, in *Adansonia*, I, 210. — B. H., *Gen.*, 48, n. 1.

3. Ils persistent et s'épaississent un peu autour du fruit.

4. Leur base présente d'abord une sorte de cuilleron sessile, concave en dedans; puis, plus haut, un rétrécissement que surmonte un limbe plus dilaté. Le cuilleron s'applique d'abord assez exactement sur l'ovaire, et le pétale s'en éloigne dans la portion rétrécie, pour s'incliner de nouveau en dedans vers son sommet. Le pollen, est ordinairement de couleur blanchâtre, formé de grains allongés, fusiformes, ou comme tronqués aux deux extrémités, portant de deux ou trois à sept ou huit sillons longitudinaux. Ils s'unissent souvent bout à bout en nombre variable, et leur réunion forme une sorte de baguette cylindrique qui sort tout d'une pièce de l'anthère. Ces cylindres blanchâtres se collent souvent alors contre la face interne des pétales, en face des saillies de l'expansion stylaire, qui portent les papilles stigmatiques.

5. L'anthère est primitivement rectiligne, mais elle se recourbe plus ou moins avec l'âge, suivant les espèces. Alors la portion supérieure de la face se tourne en dehors. Dans le jeune âge, les étamines sont d'autant plus petites, qu'elles sont plus extérieures.

inférieurement et couvert de papilles stigmatiques [1]. L'ovaire est partagé, par cinq cloisons superposées aux pétales, en autant de loges généralement incomplètes; chacune d'elles contenant vers l'angle interne un

Sarracena Drummondi.

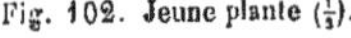

Fig. 102. Jeune plante ($\frac{1}{3}$).

Sarracena variolaris.

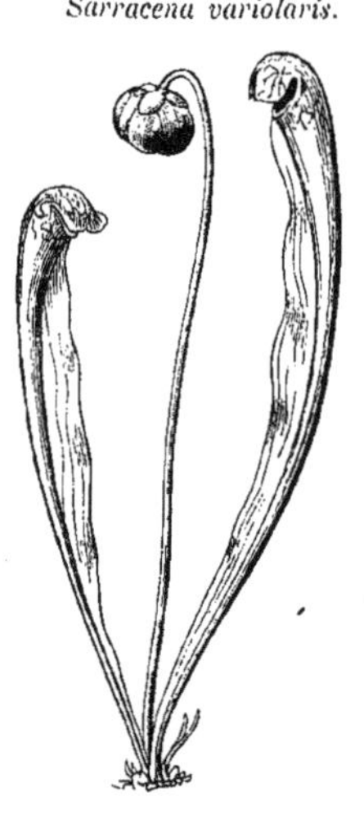

Fig. 103. Port ($\frac{1}{6}$).

grand nombre d'ovules anatropes, insérés sur les deux lobes du placenta [2]. Le fruit est une capsule loculicide; et les graines renferment sous leurs téguments [3] un albumen copieux dont le sommet loge un petit embryon [4]. Les *Sarracena* sont des herbes vivaces, originaires des marais de l'Amérique du Nord. Leur souche rampe dans la vase et porte des feuilles alternes, sans stipules, qui ont la forme d'une urne allongée ou

1. Sur une coupe longitudinale, on voit à ce niveau les faisceaux vasculaires du parachute se partager, les uns allant vers le bord de la lame, les autres s'inclinant en bas vers le tubercule stigmatifère. Celui-ci est conique, chargé à son sommet d'un bouquet de grosses papilles coniques et arquées.

2. Sur une coupe transversale, quand les loges ne sont pas complètes, la cloison et le placenta qui lui fait suite présentent la forme d'un fer de flèche. Les bords placentaires s'incurvent ou s'involutent souvent au niveau de l'insertion des ovules.

3. Dans celles du S. *purpurea*, il y a une enveloppe extérieure, jaunâtre, presque subéreuse, sur laquelle se dessine le raphé saillant. Plus intérieurement est une membrane mince, translucide.

4. Il est renfermé dans une logette bien distincte. Ses cotylédons, petits, mous, translucides, sont souvent séparés de la tigelle par un bourrelet circulaire très-fin.

d'un cornet irrégulier, à ouverture garnie d'une sorte de couvercle [1]. Les fleurs sont solitaires [2], supportées par un long pédoncule et inclinées

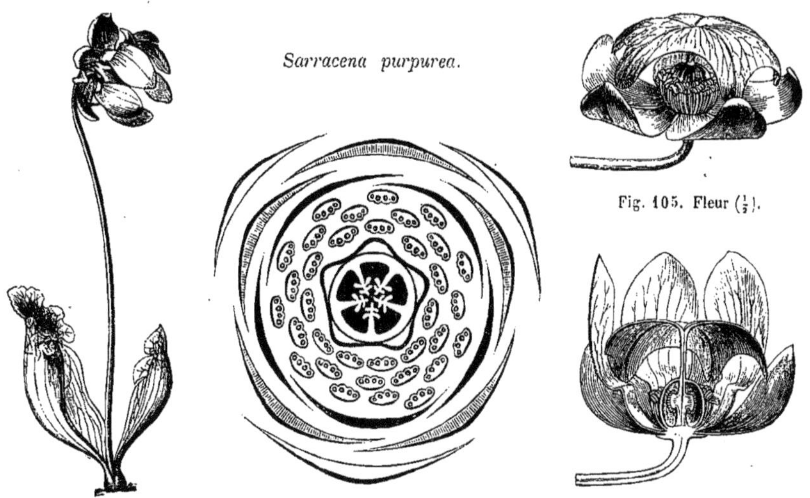

Sarracena purpurea.

Fig. 104. Port ($\frac{1}{3}$). Fig. 106. Diagramme. Fig. 105. Fleur ($\frac{1}{2}$). Fig. 107. Fleur, coupe longitudinale.

sur son sommet. Sous le calice, ce pédoncule porte trois bractées qui forment à la fleur une sorte de calicule. On connaît une demi-douzaine d'espèces de *Sarracena* [3].

1. La forme de ces organes est celle d'un cornet quelquefois très-allongé, dont l'orifice supérieur est garni en dehors d'une dilatation, de forme variable, qu'on a souvent appelée couvercle ou opercule, et dont la surface extérieure est parcourue, suivant toute la longueur de son angle interne, par une crête verticale assez saillante. On s'accordait presque généralement à considérer le couvercle comme un limbe ; l'urne représentant, pensait-on, un pétiole creux. La concavité en forme de gaîne de la base du pétiole existe cependant vers la base de ces feuilles, tout à fait indépendante de la cavité de l'urne. En suivant le développement de ces parties (in *Compt. rend. Ac. sc.*, LXXI, 630 ; in *Adansonia*, IX, 331, I, 380), nous avons vu que la feuille se déprime à son sommet en une fossette qui représente la face supérieure ou intérieure du limbe, et que c'est cette face qui se creuse ensuite profondément, comme dans une feuille peltée dont la forme concave serait extrêmement exagérée. La membrane, chargée de poils sécrétant un liquide, qui tapisse l'urne, est donc pour nous l'épiderme supérieur de la feuille. Quant à l'opercule, il représente le lobe terminal, plus développé que les autres régions du bord de ce limbe, et non le limbe tout entier. La crête verticale qui longe l'angle interne est l'analogue de saillies correspondantes, ou nervures, qui se voient souvent à la face inférieure du limbe des feuilles peltées, s'étendant de l'insertion du pétiole au sommet du sinus de l'échancrure basilaire de la lame.

2. Elles terminent un gros bourgeon qui se trouve à l'extrémité des divisions du rhizome, et dans lequel les dernières feuilles sont remplacées par quelques bractées imbriquées. Plus tard, un bourgeon plus jeune paraît se développer sur le côté du premier, et il se terminera aussi ultérieurement par une fleur. L'axe souterrain des *Sarracena* est donc probablement un sympode.

3. MILL., *Icon.*, t. 241.— SM., *Exot. Bot.*, I, t. 53.— MICHX, *Fl. bor.-am.*, I, 310.— NUTT., *Gen.*, II, 10 ; in *Amer. phil. Trans.*, ser. 2, IV, 49, t. 1. — DE LA PYLAIE, in *Ann. Soc. Linn. par.*, VI, 388, t. 13. — HOOK., *Exot. Fl.*, t. 13. — CROOME, in *Ann. Lyc. N.-York*, IV, 98, t. 6.— TORR. et GR., *Fl. N.-Amer.*, I, 58. — *Bot. Mag.*, t. 780, 849, 1710, 3515. — WALP., *Rep.*, I, 108 ; V, 20 ; *Ann.*, II, 25 ; IV, 169 ; VII, 82.

Le *Darlingtonia californica* [1], dont la fleur est organisée en général comme celle des *Sarracena*, en diffère cependant par quelques caractères remarquables. Son gynécée se compose d'un ovaire obconique, à cinq loges superposées aux pétales et surmonté d'un style à cinq petites branches enroulées en tube [2]. Ses graines sont claviformes et chargées d'aiguillons [3]. L'urne incurvée qui forme la plus grande portion de ses feuilles est surmontée d'une double languette membraneuse.

Les *Heliamphora* [4] ont cinq ou, plus rarement, quatre sépales, pétaloïdes et imbriqués, sans corolle, un nombre indéfini d'étamines à anthères introrses [5], et un ovaire à trois loges multiovulées [6]. Le style est une colonne cannelée, creuse, qui à son sommet se dilate à peine en un petit bourrelet stigmatifère trilobé. Le fruit est une capsule loculicide, dont les graines ont un tégument extérieur lâchement réticulé, dilaté en aile membraneuse. L'*H. nutans* Benth., seule espèce connue du genre, est une herbe vivace du mont Roraima, au Venezuela. Les feuilles sont en forme d'urnes, et les fleurs, dont le pédicelle est penché, sont réunies en petit nombre en une grappe nue à sa base.

C'est Salisbury qui, en 1805 [7], fit une famille spéciale des Nymphæacées. Les Nénuphars avaient été jusque-là placés : par B. de Jussieu [8], parmi les Papavéracées ; par Adanson [9], dans sa famille des Aristoloches ; et par A. L. de Jussieu [10], dans son ordre des Morrènes, entre l'*Hydrocharis* et le *Trapa*. A cette époque, on s'accordait généralement à ranger parmi les Monocotylédonées ces plantes dont l'embryon était fort peu connu [11] ; mais il n'y a plus de doute aujourd'hui sur la présence d'un double albumen dans les Nénuphars [12], le plus petit d'entre eux

1. Torr., in *Smithson. Contrib.*, VI, 4, t. 12. — B. H., *Gen.*, 48, 965, n. 2. — Walp., *Ann.*, IV, 169.

2. Chacune d'elles est une lanière dont le sommet ramolli est stigmatifère, mais dont les bords s'enroulent et viennent se rejoindre en dessus, de manière à simuler un tube.

3. Elles sont atténuées en tube du côté de la radicule (Dcne et Lem., *Traité gén. de Bot.*, 407.)

4. Benth., in *Trans. Linn. Soc.*, XVIII, 432, t. 29. — Endl., *Gen.*, n. 5023[1]. — B. H., *Gen.*, 48, n. 3. — Walp., *Rep.*, I, 109.

5. Plus tard elles deviennent versatiles. Leurs loges se terminent inférieurement par une pointe mousse très-légèrement arquée.

6. Les ovules sont, à l'âge adulte, disposés sur plusieurs séries.

7. In *Kœn. Ann. of Bot.*, II, 69.

8. In *A. L. de Jussieu Gen.*, lxvij (1759).

9. *Fam. des pl.*, II, 71 (1763).

10. *Gen.* (1789), 68, ord. IV.

11. Pour l'historique de cette question et les affinités attribuées autrefois aux Nymphæacées, cons. le Mémoire de A. P. De Candolle, dans le vol. I des *Trans. de la Soc. de phys. et d'hist. nat. de Genève*.

12. Mirb., in *Ann. Mus.*, XVI, t. 29.

représentant le sac embryonnaire, qui contient un embryon pourvu de deux cotylédons bien distincts. DE CANDOLLE classait, en 1824 [1], les Nymphæacées immédiatement avant les Papavéracées, à la suite des Berbéridacées et des Podophyllacées dont les Cabombées faisaient pour lui partie, sous le nom d'Hydropeltidées. La famille était divisée en deux tribus : celle des *Nelumboneæ* et celle des *Nymphæeæ*. ENDLICHER [2] forma sa classe des *Nelumbia* de trois ordres distincts : les *Nymphæaceæ*, les *Cabombeæ* de L. C. RICHARD [3], et les *Nelumboneæ* [4]. Aujourd'hui, MM. BENTHAM et J. HOOKER [5] ne considèrent plus ces trois groupes que comme des tribus d'une seule et même famille des Nymphæacées, et ils placent à la suite les Sarracéniacées comme constituant une famille distincte. Ils suivent en cela l'opinion de DE CANDOLLE et de LINDLEY [6]. A. L. DE JUSSIEU laissait les *Sarracena* parmi ses *Genera incertæ sedis* [7]. Mais ENDLICHER les a considérés [8] comme formant une sorte d'appendice aux Nymphæacées, entre ces dernières et les Cabombées; exemple que nous avons suivi en faisant, non sans quelque doute, des Sarracénées une quatrième série un peu anormale de la famille des Nymphæacées. De cette famille ainsi limitée, LINNÉ connaissait les deux genres *Nymphæa* et *Sarracena*. Le genre *Cabomba* fut établi, en 1775, par AUBLET ; le genre *Brasenia*, en 1789, par SCHREBER [9]; le genre *Nelumbo*, par TOURNEFORT, en 1700. Au commencement de ce siècle, SALISBURY proposa, en 1806 [10], le genre *Euryale;* SMITH, la même année [11], le genre *Nuphar*. WALLICH décrivit le *Barclaya* en 1826, et M. BENTHAM publia, en 1838, l'*Heliamphora* comme un genre voisin des *Sarracena*. M. TORREY vient de faire connaître, sous le nom de *Darlingtonia*, un autre genre du même petit groupe. Telle que nous la concevons, la famille des Nymphæacées renferme donc dix genres, comprenant une quarantaine d'espèces. Celles qui, au nombre de huit, forment la série des Sarracénées, sont toutes américaines [12]. Il en est de même de tous les *Cabomba ;* tandis que le *Brasenia peltata* habite la plupart des eaux douces tropicales du globe. Les genres *Nelumbo* et *Euryale* ont

1. *Prodr.*, I, 113, ord. VIII.
2. *Genera* (1836), 898, ord. CLXXXV-CLXXXVII.
3. *Anal. du fruit*, 68 (1808).— *Cabombaceæ* A. GRAY, in *Ann. Lyc. N.-York*, IV, 46.
4. LINDLEY (*Veg. Kingd.*, 408) a conservé également, comme ordres distincts, ces trois groupes dont il forme son alliance (31) des *Nymphales*.
5. *Gen.* (1862), 45, ord. VIII.
6. *Veg. Kingd.* (1846), 429, ord. CLV.
7. *Op. cit.*, 435.
8. *Op. cit.*, 901.
9. *Linnæi Gen. pl.*, edit. 8, 372.
10. In *Kœn. Ann. of Bot.*, II, 73.
11. *Fl. græc. Prodr., sive plant. omn. enum quas inv... J. Sibthorp... char. et syn. omn. elab.* J. E. SMITH, II, 361.
12. Toutes sont de l'Amérique du Nord, principalement de l'est, sauf l'*Heliamphora*, qui a été trouvé par SCHOMBURGK au Venezuela, sur le mont Roraima.

chacun une espèce américaine et une espèce de l'ancien monde. Les deux *Barclaya* connus habitent la Malaisie. Quant aux *Nymphæa* et aux *Nuphar*, au nombre de vingt-quatre espèces environ, ils se rencontrent dans toutes les parties du monde, depuis le sud de l'Asie et de l'Amérique méridionale, jusqu'à la Sibérie, la Laponie suédoise, les îles Hébrides et Shetland, occupant ainsi en latitude un espace de 110 degrés.

Leurs affinités varient tout comme leur organisation. Par les types à carpelles réunis, comme ceux des Sarracénées et des Nymphæées, elles sont voisines des Pavots : tous les botanistes ont signalé cette parenté, qui devient encore plus frappante quand on songe aux espèces de Nymphæacées dont l'ovaire est incomplétement cloisonné vers le centre, et à celles dont les organes de végétation contiennent des laticifères. Au contraire, par les types à carpelles indépendants, elles sont étroitement alliées aux Podophyllées et aux Renonculacées. Outre que les Cabombées ont été quelquefois rapportées à cette dernière famille, l'étude organogénique démontre que les *Nelumbo* ont au début tout à fait les fleurs des Pivoines et des Renoncules. Leurs carpelles sont d'abord parfaitement isolés, espacés sur la surface supérieure du réceptacle; et ce n'est que par suite de ses développements ultérieurs que celui-ci s'élève graduellement dans l'intervalle des carpelles pour former autour d'eux ces sortes de puits dans lesquels ils se trouvent définitivement enchâssés. Ainsi s'expliquent les rapports si longtemps invoqués des Nymphæacées avec les Hydrocharidées et les Alismacées. Ces dernières, très-voisines des Renoncules, ne sauraient être bien éloignées des Nymphæacées, encore qu'elles n'en aient pas l'embryon dicotylédoné. Quant à leur parenté supposée avec les Saururées et les Pipéracées dont elles ont le double albumen, je ne vois pas en quoi elle consiste; et je ne suis pas le seul [1] à en dire autant des affinités supposées des Sarracénées avec les Pirolées.

Chacune des séries que nous admettons dans la famille des Nymphæacées se rapproche plus particulièrement d'une des familles dont nous venons de parler par les caractères qui lui sont propres. Ceux-ci sont d'une manière générale les suivants :

I. CABOMBÉES. — Fleurs trimères. Carpelles libres, insérés sur un réceptacle convexe. Ovules en petit nombre, insérés dans l'angle interne

1. « *Affinitas cum* Pyrola *proposita nos omnino effugit.* » (B. H., *Gen.*, 48.)

des ovaires (organisation florale analogue à celle des Alismacées). Double albumen autour de l'embryon. — (2 genres.)

II. Nélumbées. — Fleurs 4-5-mères. Carpelles libres, entourés par le réceptacle accru, qui isole chacun d'eux dans une cavité particulière. Ovules 1, 2, insérés en haut de l'angle interne des ovaires (analogues des Renonculées). Albumen nul. — (1 genre.)

III. Nymphæées. — Fleurs 4-5-mères. Carpelles unis sur la surface convexe ou concave d'un réceptacle commun. Ovules en nombre indéfini, insérés sur les parois latérales des loges ovariennes (analogues des Lardizabalées, Podophyllées, etc.). Double albumen. — (4 genres.)

IV. Sarracénées. — Fleurs 4-5-mères. Carpelles unis en un ovaire partagé complétement ou incomplétement en loges peu nombreuses, multiovulées (analogues des Papavéracées, etc.). Albumen simple. — (3 genres.)

Toutes ces plantes ont des organes de végétation remarquables; toutes sont herbacées, vivaces, à rhizome rampant dans la vase des marais ou du fond des rivières; toutes ont des feuilles alternes, à formes plus ou moins singulières, parfois découpées à la façon de celles des Renoncules aquatiques, comme dans les *Cabomba;* ailleurs submergées ou nageantes, palmées, quelquefois peltées et plus ou moins concaves en dessus, comme celles des *Nelumbo*, présentant la forme d'un cornet peu profond et largement évasé. Dans les Sarracénées, dont nous avons étudié plus haut les feuilles, cette dernière forme s'exagère, et les urnes ont la forme d'un cornet allongé et étroit, avec un sommet formant couvercle, découpé d'une façon variable. L'histologie des organes de végétation a été étudiée avec grand soin par M. Trécul[1] dans les *Nelumbium*, *Nuphar*, *Nymphæa* et *Victoria*, plantes qui, à cet égard, ont été souvent considérées comme plus ou moins comparables aux Monocotylédones[2]. « Le *Nuphar lutea,* dit ce savant, offre (dans sa tige) tous les caractères attribués aux tiges des Monocotylédones. En effet, il n'a point de couches concentriques distinctes; sa moelle est interposée entre les faisceaux fibreux, sans rayons médullaires; sa densité décroît de la circonférence au centre. Tout cela devient évident par l'examen d'une

1. In *Ann. sc. nat.*, sér. 3, IV, 288, t. 10-13; *Étud. anat. et organogén. sur la* Victoria regia, *et anat. comp. du* Nelumbium, *du* Nuphar *et de la* Victoria (in *Ann. sc. nat.*, sér. 4, I, 144, t. 12-14).

2. Voy. Mirb., in *Ann. Mus.*, XIII, 465. — Endl. et Ung., *Grundz. d. Bot.*, 92. — DC., in *Mém. Soc. phys. de Gen.*, I, 2. — Hook. f. et Thoms., *Fl. ind.*, I, 236. — Vaup., *Ueb. d. peripher. Wachst. d. Gefässb.* (1855), 23. — Henfr., in *Phil. Trans.* (1852), 289, tab.; in *Ann. Nat. Hist.*, ser. 2, X, 398. — Casp., in *Flora* (1857), 717; (1859), 118; in *Bot. Zeit.* (1857), 791. — Oliv., *Stem in Dicot.*, 5.

coupe transversale; on y découvre que le parenchyme, homogène dans le centre, est plus dense à la circonférence. A une certaine distance de la périphérie, des faisceaux sont disposés circulairement avec plus ou moins de régularité. Dans le centre sont répartis quelques rares faisceaux, si c'est une jeune tige [1] que l'on examine; le nombre en augmente avec la dimension du rhizome. Au dehors de la zone circulaire s'en trouvent d'autres plus ténus qui se rendent aux feuilles. Une couche de cellules épidermiques revêt la totalité. » La disposition générale des parties est la même dans les Nymphæées en général et dans les Nélumbées. M. TRÉCUL conclut de ses observations que « la structure du rhizome du *Nuphar* est en tout semblable à celle des Monocotylédones », quant à la marche longitudinale des faisceaux, qui se comportent comme ceux des Dattiers, et qui, naissant de la périphérie, s'élèvent verticalement et se dirigent vers les feuilles en traversant plus ou moins obliquement la tige. En même temps des racines adventives, « dont la structure et l'accroissement sont aussi ceux des Monocotylédones », se montrent sur les tiges à la base des feuilles [2]. Le parenchyme des tiges, comme celui des pétioles, est parcouru en outre, dans les Nymphæées et les Nélumbées, par d'énormes lacunes. Ces lacunes renferment des gaz, des amas blancs de cellules irrégulières mamelonées, faisant saillie dans l'intérieur, et des cellules dites rayonnées, ramifiées en étoile, dont les branches proéminent dans les cavités voisines de la cloison à laquelle répond leur centre, et qu'on a considérées quelquefois comme des organes destinés à soutenir les différentes parties du parenchyme [3]; dans les feuilles, leurs rayons s'avancent par leur extrémité jusqu'à l'épiderme lui-même. Quant aux stomates, ils n'existent en général dans les Nymphæées que sur les portions de l'épiderme des feuilles qui est en contact avec l'air, c'est-à-dire la supérieure dans les espèces à feuilles flottantes. La face inférieure porte, ou des poils, ou, dans les *Euryale*, des aiguillons dont

1. « Au moment de la germination, la petite tige du *Nelumbium codophyllum*, au lieu de renfermer un seul faisceau vasculaire central, comme les jeunes Nymphæacées citées (*Nuphar*, *Victoria*), contient, au-dessus des cotylédons, deux zones de faisceaux vasculaires : l'une centrale, l'autre périphérique. » (TRÉC., in *Ann. sc. nat.*, sér. 4, I, 149, 169).

2. « Rien, dans les racines du *Nuphar*, ne rappelle la structure des Dicotylédones. Ces organes, non plus que la tige, n'ont d'écorce distincte; ils n'ont rien qui puisse être comparé à des rayons médullaires. Toute leur organisation est au contraire semblable à celle des racines des Monocotylédones. » (TRÉC., in *Ann. sc. nat.*, sér. 3, IV, 304).

3. M. TRÉCUL a étudié le développement de ces cellules qu'avaient décrites GUETTARD en 1747, AMICI, RUDOLPHI, DE CANDOLLE, MEYEN, MIRBEL, etc. Il les a vues, à leur origine (in *Ann. sc. nat.*, sér. 3, IV, 314, t. 12, fig. 19, 25), placées entre deux cellules voisines, sous forme d'une cellule triangulaire, à angles émoussés d'abord, puis allongés, ramifiés; lisses au début, ensuite chargées de proéminences polyédriques. Leur forme varie beaucoup suivant leur siége et suivant l'espèce dans laquelle on les observe.

les plus gros renferment des fibres et des vaisseaux longitudinaux, et se terminent par un pore ou ostiole qui est probablement un organe d'absorption [1]. Le limbe du *Victoria* est encore traversé de part en part de perforations étroites, qu'on a appelées stomatodes [2]. Plusieurs Nymphæacées renferment en outre dans leurs tissus des vaisseaux laticifères, tubuleux, continus, cylindriques et plus ou moins irréguliers [3].

Les Cabombées présentent une organisation histologique qui paraît être en rapport avec le milieu qu'elles habitent. Dans leurs portions submergées, elles ne possèdent pas de vaisseaux proprement dits [4]; ceux-ci sont remplacés par des cellules plus ou moins allongées, de forme variable [5], et constituant un petit nombre [6] de faisceaux dans les tiges et les branches; on n'en compte le plus souvent que deux. Plus extérieurement, on observe un tissu parenchymateux, comparable encore à celui qui se trouve dans les tiges des plantes submergées, à quelque embranchement qu'elles appartiennent, par la présence d'une grande quantité de lacunes cylindriques, interposées aux éléments lâches d'un parenchyme contenant de la chlorophylle. Le tout est enveloppé d'un épiderme qui porte des poils particuliers [7]. L'absence de vaisseaux spiraux et de trachées, dans les feuilles submergées comme dans les axes, est le point le plus remarquable de l'organisation de ces végétaux. Quant aux *Sarracena*, leur hampe florale rappelle beaucoup celle des Podophyllées et des *Leontice* par sa structure anatomique. Des faisceaux fibro-vasculaires [8] y sont disséminés vers la périphérie, au milieu d'un parenchyme qui seul existe vers le centre et constitue une sorte de moelle [9]. Dans le rhizome, les plus intérieurs de ces faisceaux sont parfois disposés en un cercle assez régulier, mais séparés les uns des autres par des bandes inégales de tissu cellulaire [10].

1. TRÉC., in *Ann. sc. nat.*, sér. 4, I, 156. L'auteur montre comment M. PLANCHON « dépasse les limites de la vérité, quand il dit que le plus faible comme le plus fort de ces aiguillons contient des vaisseaux; car les plus forts seuls en renferment. »

2. PL., in *Fl. des serres*, VI, 249. — TRÉC., *loc. cit.*, 158.

3. TRÉC., *loc. cit.*, 159.

4. SCHLEID., in *Wiegm. Arch.*, IX, 230. — LINDL., *Veg. Kingd.*, 412, fig. 289.

5. Ils sont parfois fusiformes, et ailleurs cylindriques et coupés droit à leurs extrémités. On n'y voit pas de spiricule.

6. Le plus souvent deux, dans les *Brasenia* et les *Cabomba*; ils sont souvent encore peu distincts du tissu ambiant, dont ils ne diffèrent que par l'élongation plus marquée de leurs éléments.

7. De forme conique, ascendants, souvent appliqués contre la surface des parties, sécrétant peut-être la matière gélatineuse dont les tiges sont enduites.

8. Souvent les fibres y enveloppent de toutes parts les vaisseaux rapprochés du centre; ailleurs il n'y a de ces fibres qu'en dehors.

9. Parfois résorbée en partie et rendant la hampe fistuleuse.

10. La portion centrale occupée par la moelle est là considérable, gorgée de fécule. Les faisceaux extérieurs sont grêles relativement aux autres; ils brunissent de bonne heure; on n'y trouve pas de trachées déroulables.

Les propriétés générales [1] des Nymphæacées peuvent se résumer en peu de mots : on les considère comme des plantes adoucissantes, calmantes, sédatives, astringentes par leurs organes de végétation ; et la fécule déposée en abondance dans leurs souches, leurs périspermes ou leurs embryons, les rend nutritives, analeptiques. Le *Nelumbo nucifera* [2] est le *Lotus* sacré qu'on voit figuré si fréquemment sur les monuments de l'Égypte et de l'Inde. C'est lui qui, dans la mythologie brahmine, sert de siége à Brahma ; et c'est sur sa feuille flottante que Vichnou fut porté sur les eaux au premier jour de notre terre ; c'est lui sans doute aussi dont les Égyptiens ornaient la tête d'Iris et d'Osiris. Ses élégantes feuilles peltées et ses magnifiques fleurs, blanchâtres ou rosées, forment, sur les eaux douces de l'Orient et de l'Asie tropicale, un tableau souvent reproduit par les artistes indiens et chinois, souvent célébré par les poëtes sacrés et profanes. Au coloris charmant de ses corolles se joignent un parfum anisé et une légère astringence qui les rendent aussi précieuses que les pétales des Roses. Le *Tamarama* des Hindous est d'ailleurs une plante riche en aliments féculents, d'un précieux secours pendant les disettes. Les anciens Égyptiens mangeaient l'embryon de ces Fèves d'Égypte [3] ; les prêtres et les pythagoriciens se croyaient cet aliment interdit. Aujourd'hui, les Chinois et les Indiens se nourrissent encore de l'embryon grillé ou rôti, comme font les Indiens d'Amérique de celui du *N. lutea* [4]. La fécule dont sont gorgées les jeunes tiges leur donne les mêmes propriétés nutritives ; on les mange dans l'espèce indienne comme dans celle des États-Unis. Le *N. nucifera* est aussi un médicament : sa tige a des propriétés astringentes ; on extrait de ses pétioles et ses pédoncules floraux un suc laiteux et visqueux qui sert à guérir les vomissements et les diarrhées. Il y a du tannin dans la plupart des autres Nymphæacées ; de là sans doute aussi les propriétés du *Brasenia peltata* [5]. C'est un astringent léger ; on croit ses feuilles efficaces dans le traitement des dysenteries, des affections pulmonaires, de la phthisie. Elles sont amères, stomachiques ; on les emploie quelquefois comme aliment. Plusieurs Nymphæées sont dans le même cas ; leurs rhizomes et leurs graines contiennent une grande quantité d'amidon. Le *Lien-kien* ou *Ki-teou* des Chinois est dans ce cas. C'est l'*Euryale*

1. MÉR. et DEL., *Dict. mat. méd.*, IV, 639. — GUIB., *Drog. simpl.*, éd. 7, III, 719. — A. RICH., *Elém.*, éd. 4, II, 422. — ENDL., *Enchirid.*, 462, 464, 465. — LINDL., *Veg. Kingd.*, 411, 412, 414 ; *Fl. med.*, 19. — ROSENTH., *Syn. pl. diaphor.*, 652, 1142.

2. Voy. p. 77, 80, note 3, fig. 74-78.

3. Κύαμος αἰγύπτιος THÉOPHR. (voy. GUIB., *loc. cit.*, 723). — ROSENTH., *op. cit.*, 654.

4. Voy. p. 80, note 2, fig. 79-81.

5. ENDL., *Enchirid.*, 464. — ROSENTH., *op. cit.*, 654 (voy. p. 82, note 3).

ferox[1]; on mangeait ses souches et son albumen dans les temps les plus reculés, et la plante est encore, dit-on, cultivée en Chine pour cet usage. L'*E. amazonica*[2], cette splendide reine des eaux douces de l'Amérique tropicale, a des graines dont les propriétés alimentaires sont les mêmes : c'est le *Maruru* des Indiens de l'Amazone. Les *Nymphæa* du Nil étaient non moins célèbres comme aliment féculent chez les anciens Égyptiens. L'un d'eux partageait avec le *Nelumbo* le nom de *Lotos* aquatique[3] : c'est le *N. Lotus* de LINNÉ. Sa souche tubéreuse, de la forme et de la taille d'un œuf, à chair jaune, d'une saveur douce, noirâtre à la surface, se mangeait grillée ou bouillie, comme aujourd'hui les pommes de terre, et la graine servait à la fabrication d'une sorte de pain. Le Nénuphar bleu du Nil[4] avait sans doute les mêmes propriétés. Ses souches sont tubéreuses, piriformes; ses fleurs sont d'un beau bleu clair. Les Arabes le nommaient *Linoufar* ou *Niloufar*, origine du nom français de nos Nénuphars blanc et jaune. Leur rhizome est gorgé de fécule. Celui du N. jaune (*Nuphar luteum*[5]) est gros, cylindrique, blanchâtre, chargé des cicatrices des racines adventives et de celles beaucoup plus larges des feuilles. On dit que les paysans russes et finnois le mangent, aussi bien que les pétioles des feuilles, de même qu'en Béotie on consommait autrefois ses fruits. Il est toutefois assez astringent pour qu'on l'emploie à tanner les cuirs et à préparer des décoctions antidiarrhéiques. La souche, jaunâtre, presque noire à l'extérieur, du N. blanc (*Nymphæa alba*[6]), a tout à fait les mêmes propriétés. La fécule qu'elle contient en a fait un aliment utile dans les cas de disette des céréales. Il est à la fois mucilagineux, légèrement âcre, amer et astringent[7] : de là son usage contre la dysenterie, les blennorrhées et plusieurs autres flux; de là sans doute les vertus vulnéraires que l'on a attribuées à ses pétioles et à ses pédoncules. La plupart des autres *Nymphæa*[8] ont des propriétés analogues. Les uns agissent par le tannin qu'ils renferment : tels le *N. candida* PRESL, de la Bohême, et le *N. odorata* AIT., des États-Unis, qui sont astringents; le *N. stellata* W., de l'Inde orientale, recommandé contre les cystites, la dysurie; les *N. Lotus* L., *pubescens* W., et *rubra* ROXB., qui guérissent, croit-on, les hémorrhoïdes, les plaies, les

1. Voy. p. 87, 88, note 1, fig. 99, 100.
2. LINDL., *Veg. Kingd.*, 411. — ROSENTH., *op. cit.*, 652. — *Maïs d'eau* des Américains (voy. p. 88, note 3, fig. 101).
3. GUIB., *op. cit.*, 721.
4. *Nymphæa cærulea* SAV., *Dec. egypt.*, III, 74. — DC., *Prodr.*, n. 2. — VENT., *Malm.*, t. 6.
5. Voy. p. 82, note 5, fig. 87-92.
6. GUIB., *op. cit.*, 720. — LINDL., *Fl. med.*, 19. — Σίδη, THÉOPHR.; Νυμφαία, DIOSC. (voy. p. 84, note 6, fig. 93-98).
7. On le considère aussi comme un peu narcotique. Les chanteurs le mâchent, dit-on, pour remédier à la procidence de la luette.
8. ROSENTH., *op. cit.*, 652, 1142.

ophthalmies. Les autres sont riches en fécule et sont comestibles, soit par leurs graines, soit par leurs rhizomes, qui se mangent cuits comme des pommes de terre : tels sont, dans l'Inde, le *N. edulis* DC. et le *N. rubra ;* en Australie, le *N. gigantea* Hook., et dans l'Amérique tropicale le *N. ampla* DC. Toutes ces espèces ont des fleurs magnifiques, blanches, roses ou bleues, qui font l'ornement de nos aquariums, avec ces magnifiques *Euryale* et *Victoria* que les couleurs éclatantes et les grandes dimensions de leurs fleurs, l'étrange aspect de leurs feuilles à nervures saillantes et chargées d'aiguillons, font tant rechercher dans les cultures. Quelques-unes ont des corolles parfumées, comme les *Euryale*, les *Nuphar luteum*, *advenum*, etc. Toutes, notamment le *Nymphæa alba*, que la beauté de ses fleurs a fait surnommer le Lis des eaux, ont la singulière réputation, fort peu démontrée d'ailleurs, d'être réfrigérants, calmants, anaphrodisiaques ; ce sont là sans doute des vertus imaginaires, bien qu'elles soient passées en proverbe dans tous les pays de l'Europe.

Les *Sarracena* ont une réputation [1] tout aussi usurpée peut-être. Les Indiens de l'Amérique du Nord considèrent leurs rhizomes, notamment ceux du *S. purpurea* [2] et du *S. variolaris* [3] comme un préservatif assuré de la variole, qu'ils guériraient à toute époque de son évolution et dont ils empêcheraient aussi les cicatrices de se produire [4]. Est-ce à cause des macules blanchâtres dont sont parsemées les feuilles de la dernière des deux espèces citées, que cette opinion a pris naissance parmi les peuplades sauvages de l'Amérique boréale ? On cultive chez nous quelques *Sarracena* pour la beauté de leurs fleurs et surtout pour les formes étranges de leurs feuilles ; mais ces plantes sont peu répandues, à cause même des difficultés que présente leur culture [5].

1. Rosenth., *op. cit.*, 1142.

2. L., *Spec.*, 728. — Michx, *Fl. bor.-amer.* I, 318. — A. Gray, *Man.*, ed. 5, 58, n. 1. — Chapm., *Fl. S. Unit.-States*, 20, n. 1. — Curt., in *Bot. Mag.*, t. 849. — *Bucanephyllon americanum* Pluk., *Amalth.*, 46, t. 376 (voy. p. 91, fig. 104-107). — *Huntsman's Cup*, *Sidesaddle Flower*, *Indian Cup* des Américains.

3. Michx, *Fl. bor.-amer.*, I, 310. — Chapm., *Fl. S. Unit.-States*, 21, n. 6 (voy. p. 90, fig. 103). — *Spotted Trumpet-leaf* des Américains.

4. On les emploie en poudre, en infusion, en sirop. Ces préparations paraissent constituer des diurétiques assez énergiques ; et l'on a supposé que c'était là le mode d'évacuation du virus variolique.

5. E. Ramey, in *Adansonia*, VII, 310.

GENERA

I. NELUMBEÆ.

1. **Nelumbo** T. — Flores regulares hermaphroditi; receptaculo convexo, mox in massam ample obconicam dilatato. Sepala 4, 5, imo receptaculo inserta, imbricata. Petala ∞, imbricata staminaque ∞, calyce inserta; filamentis plus minus petaloideis; antheris basifixis, introrsum 2-rimosis; connectivo ultra loculos clavatim producto. Carpella ∞, summo receptaculo plano intra alveolos inserta, libera; germine 1-loculari, dorso glanduloso-gibbo; stylo brevi, apice minute capitato stigmatoso exserto; ovulis 1, 2, fere ab apice loculi descendentibus anatropis; micropyle introrsum supera. Nuces ∞, subglobosæ e foveolis tori indurati breviter prominentes, indehiscentes v. obscure dehiscentes. Semen pendulum, integumento tenui; embryonis exalbuminosi cotyledonibus crasso-carnosis plumulam foliiferam valde evolutam foventibus; radicula supera brevissima. — Herbæ perennes; rhizomate crasso; foliis alternis emersis peltato-concavis, « stipulaceis »; floribus axillaribus solitariis pedunculatis. (*Asia*, *Australia*, *America trop. et subtrop.*) — *Vid. p.* 77.

II. CABOMBEÆ.

2. **Cabomba** Aubl. — Flores hermaphroditi parvi; receptaculo breviter conico. Sepala 3, petaloidea, imbricata v. contorta. Petala 3, alterna. Stamina 3, alternipetala, v. sæpius 6, per paria sepalis opposita, libera; antheris extrorsum 2-rimosis. Carpella 3, oppositipetala,

v. rarius 2, 4, libera; germine 1-loculari, in stylum apice stigmatoso depresso-capitatum attenuato; ovulis paucis (sæpius 3) parietibus insertis, descendentibus anatropis; micropyle extrorsum supera. Drupæ 1-3; mesocarpio tenui; putamine crasso, extus rugoso. Semina 1-3, descendentia; albumine duplici; inferiore farinaceo; superiore (amniotico) carnoso embryonem brevem inversum fovente; cotyledonibus crassis; radicula brevi supera. — Herbæ; caulibus tenuibus, mucilagine indutis; foliis alternis; natantibus peltatis; submersis palmatim capillaceo-dissectis; floribus axillaribus solitariis longe pedunculatis. (*America trop. et subtrop.*) — *Vid. p.* 80.

3. **Brasenia** Schreb. — Flores fere *Cabombæ;* staminibus 12-∞. Carpella 6-∞; ovulis *Cabombæ.* Carpella ∞, drupacea et semina *Cabombæ.* — Caules ramosi, mucilagine induti; foliis omnibus natantibus peltatis integris; inflorescentia *Cabombæ.* (*America*, *Asia trop. et subtrop.*, *Australia.*) — *Vid. p.* 82.

III. NYMPHÆEÆ.

4. **Nuphar** Sm. — Flores regulares; receptaculo convexo. Sepala 5, 6, inæqualia, imbricata. Petala ∞, inæqualia, imbricata, interiora staminiformia (staminodia), et stamina ∞, hypogyna, libera, ordine spirali inserta; filamentis complanatis; antheris introversis, introrsum 2-rimosis. Germen superum, apice in stylum mox dilatato-peltatum discoideum attenuatum; stigmatibus ∞, lineari-radiatis; loculis ∞; ovulis ∞, descendentibus anatropis, parietibus insertis. Fructus ovoideus corticatus; carpellis baccatis, demum putredine separabilibus. Semina ∞; embryone et albumine duplici (*Cabombæ*); micropyle operculata. — Herbæ perennes; rhizomate crasso sigillato; foliis alternis natantibus peltatis; floribus axillaribus solitariis v. 2-nis; fructu emerso. (*Hemisph. bor. extratrop.*) — *Vid. p.* 82.

5. **Nymphæa** L. — Flores regulares; receptaculo concavo cupuliformi. Calyx 4-folius, imbricatus, petalaque et stamina *Nupharis*, ordine spirali extus a basi ad apicem receptaculo insertis. Germen receptaculo immersum, ∞-loculare, vertice concavum medioque processum conicum globosumve (apicem receptaculi) exserens; stylis

exsertis, apice incurvo liberis. Ovula ∞ (*Nupharis*). Bacca spongiosa perianthii staminumque cicatricibus onusta styloque coronata, spongioso-carnosa, demum irregulariter rupta. Semina ∞ (*Nupharis*), in pulpa nidulantia, arillo sacciformi induta; operculo 0. — Herbæ; caule, foliis inflorescentiaque *Nupharis ;* fructu sub aqua maturescente. (*Orb. tot. reg. trop.*, *imprim. hemisph. bor.*) — *Vid. p.* 85.

6. **Barclaya** Wall. — Receptaculum cylindraceum, basi foliolis 5 (« calycinis ») imbricatis cinctus, supra gynæceum in tubum productum. Petala ∞, imbricata, summo receptaculo inserta. Stamina ∞, intus tubo receptaculi supra gynæceum inserta; exteriora sterilia; interiora recurva; antheris oblongis pendulis. Carpella ad 10, imo tubo inclusa; ovulis parietalibus descendentibus, « orthotropis »; stylis in conum apice fissum, intus concavum stigmatiferumque concretis. Bacca globosa tubo petalifero coronata. Semina ∞, aculeata. — Rhizoma breve; foliis petiolatis oblongis v. orbiculatis, haud peltatis; floribus (axillaribus ?) longe pedunculatis. (*Malaisia.*) — *Vid. p.* 86.

7. **Euryale** Salisb. — Receptaculum concavum (fere *Nymphææ*), extus aculeatum. Sepala, petalaque et stamina ∞ (*Nymphææ*). Carpella ∞, receptaculo intus immersa et concreta in germen inferum, ∞-loculare, vertice concavum et medio processum conico-globosum (receptaculi apicem) exserens; stylis radiantibus, apice stigmatifero aut obtusis, aut extus in processum unciformem productis (*Victoria*). Bacca spongiosa aculeata, irregulariter rupta. Semina arillo pulposo involuta operculata; albumine duplici et embryone *Nymphææ*. — Herbæ perennes aculeis horridæ; caule, foliis natantibus et inflorescentiis *Nymphææ*. (*Asia trop.*, *America æquinoct.*) — *Vid. p.* 87.

IV? SARRACENEÆ.

8. **Sarracena** T. — Flores hermaphroditi regulares; receptaculo convexo. Sepala 5, imbricata. Petala 5, alterna, imbricata, decidua. Stamina ∞, hypogyna; filamentis liberis; antheris introrsis, demum recurvis versatilibus, 2-rimosis. Germen liberum; loculis 5, alternipetalis, completis incompletisve; ovulis ∞, anatropis; stylo gracili, mox dilatato in umbraculam peltato-petaloideam radiato-5-nervem,

5-angulatam; angulis alternipetalis subtus versum apicem minute papilloso-stigmatiferis. Capsula calyce sæpius basi cincta, loculicide 5-valvis. Semina ∞, hinc raphe prominente subalata albuminosa; embryone ad apicem parvo. — Herbæ perennes paludosæ; rhizomate crassiusculo; foliis alternis exstipulaceis amphoriformibus s. tubiformibus; floribus terminalibus solitariis longe pedunculatis; bracteolis 3, sub calyce in involucrum membranaceum approximatis. (*America bor.*) — *Vid. p.* 89.

9. **Darlingtonia** Torr. — Sepala 5, ima basi connata. Petala 5, subsimilia patentia. Germen obconicum, apice plano-concavum; styli erecti, apice 5-fidi, lobis patentibus recurvis in tubum involutis, apice stigmatosis; loculis ovarii 5, cum sepalis alternantibus, ∞-ovulatis. Capsula loculicide 5-valvis; seminibus ∞, clavatis, basi in tubum attenuatis, extus setoso-aculeatis. — Herba; rhizomate foliisque fere *Sarraceniæ;* lamina terminali 2-alata; floribus solitariis; scapis bracteis remote alternis subfoliaceis onustis; calyce ebracteolato. (*California.*) — *Vid. p.* 92.

10. **Heliamphora** Benth. — Sepala 4, 5, inæqualia petaloidea, imbricata. Stamina ∞; filamentis liberis; antheris introrsis, demum versatilibus. Germen 3-loculare; loculis ∞-ovulatis; ovulis angulo centrali insertis, pluriseriatis; stylo erecto sulcato, tubuloso, apice obtuse 3-lobo stigmatoso. Capsula ovoidea, loculicide 3-valvis; seminibus ∞; testa laxe reticulata in alam membranaceam extensa. — Herba perennis; foliis amphoriformibus; floribus paucis in racemos basi nudatos subnutantes dispositis. (*Venezuela.*) — *Vid. p.* 92.

www.ingramcontent.com/pod-product-compliance
Ingram Content Group UK Ltd.
Pitfield, Milton Keynes, MK11 3LW, UK
UKHW020404250726
13967UKWH00005B/2472

9 782012 959583